Jemin Avalani
Hetal Padhiyar

# Desenvolvimento Da Reacção De Biginelli Utilizando Solvente Eutéctico Profundo

Jemin Avalani
Hetal Padhiyar

# Desenvolvimento Da Reacção De Biginelli Utilizando Solvente Eutéctico Profundo

## CLORETO DE COLINA : ÁCIDO TARTÁRICO

ScienciaScripts

**Imprint**
Any brand names and product names mentioned in this book are subject to trademark, brand or patent protection and are trademarks or registered trademarks of their respective holders. The use of brand names, product names, common names, trade names, product descriptions etc. even without a particular marking in this work is in no way to be construed to mean that such names may be regarded as unrestricted in respect of trademark and brand protection legislation and could thus be used by anyone.

Cover image: www.ingimage.com

This book is a translation from the original published under ISBN 978-620-7-65029-3.

Publisher:
Sciencia Scripts
is a trademark of
Dodo Books Indian Ocean Ltd. and OmniScriptum S.R.L publishing group

120 High Road, East Finchley, London, N2 9ED, United Kingdom
Str. Armeneasca 28/1, office 1, Chisinau MD-2012, Republic of Moldova, Europe
Printed at: see last page
**ISBN: 978-620-7-70460-6**

## AGRADECIMENTOS

*A conclusão deste livro marca o culminar de meses de investigação, aprendizagem e crescimento pessoal. Esta jornada não teria sido possível sem o apoio e a orientação de muitas pessoas que merecem a minha mais profunda gratidão. Em primeiro lugar, expresso os meus sinceros agradecimentos ao meu estimado supervisor, Dr. Jemin Avlani Sir, pelo seu apoio inabalável e orientação perspicaz ao longo de todo o processo. Deu-me um feedback inestimável, desafiou-me a pensar e encorajou-me constantemente a atingir o meu potencial máximo. A sua experiência é o facto de ter uma compreensão e um conhecimento profundos do domínio ou tópico específico da minha tese. Tem um forte historial de investigação e publicações. Estou também incrivelmente grato ao Shri Alpesh N. Patel PG Institute of Science & Reserch, Anand, por me ter dado a oportunidade de realizar esta investigação e de aceder às suas instalações de ponta. O pessoal dedicado que me prestou uma assistência técnica e um apoio administrativo inestimáveis ao longo deste projeto. Estou profundamente grato à Sra. Sujan Vohra pela sua colaboração e amizade ao longo desta jornada. Os seus conhecimentos, as suas discussões perspicazes e a sua vontade de ajudar foram inestimáveis.*

*Agradeço sinceramente à minha família e aos meus amigos pelo seu amor inabalável, encorajamento e compreensão. O seu apoio constante ajudou-me a preservar os momentos difíceis e a celebrar o sucesso ao longo do caminho. A todos os que foram mencionados acima, obrigado pelas vossas inestimáveis contribuições para esta dissertação. Estou verdadeiramente grato pelo vosso apoio e orientação, que tornaram possível esta realização.*

*Com os melhores cumprimentos,*

*Hetal Padhiyar*

# ÍNDICE

# 1. RESUMO

O solvente eutéctico profundo foi produzido a partir da combinação do dador e do aceitador de ligações de hidrogénio. A di-hidropirimidinona foi preparada utilizando diferentes aldeídos, etilacetoacetato e ureia ou tioureia. Nesta reação foi utilizado um solvente eutéctico profundo. As características estruturais da dihidropirimidinona sintetizada foram caracterizadas por FT-IR e análise do espetro de massa.

## 2. LISTA DE ABBREVIATION

- DES: Deep eutectic solvent
- R.T: Room temperature
- R.B Flask: Round bottom flask
- HBD: Hydrogen bond donor
- HBA: Hydrogen bond accepter
- NADES: Natural deep eutectic solvent
- °C: Celsius
- PEG: Polyethylene glycol
- FDA: Food and drug administration
- Mw: Molecular weight
- Cat: Catalytic amount
- hr: Hour
- TLC: Thin layer chromatrography
- MCRs: Multicomponent reactions
- FT-IR: Fourier-transform infrared spectroscopy
- DCM: Dichloromethane
- PBS: Phosphate buffered saline

# 3. INTRODUÇÃO

## 3.1 SOLVENTE EUTÉCTICO PROFUNDO (DES):

Os solventes eutécticos profundos são considerados uma classe emergente de solventes ecológicos relacionados com os líquidos iónicos e têm recebido uma atenção crescente nas últimas duas décadas após um estudo de Abbott et al. em 2003, que observou uma depressão anormalmente profunda dos pontos de fusão na composição eutéctica de certos dadores e aceitadores de ligações de hidrogénio.[1] É considerado como um novo membro da família dos líquidos iónicos.

Os solventes eutécticos profundos são líquidos preparados através da combinação de dois ou mais produtos químicos sólidos baratos e seguros. São capazes de se auto-montar frequentemente através de ligações de hidrogénio para fazer uma mistura eutéctica com um ponto de fusão mais baixo do que o componente individual. [2]

As publicações sobre o DES aumentaram rapidamente para mais de 7000 nos últimos dez anos. O DES pode ser considerado como um sal fundido com um ponto eutéctico próximo ou abaixo da temperatura ambiente devido à ligação de hidrogénio.[3]

Tanto os solventes eutécticos profundos como os líquidos iónicos são líquidos de misturas iónicas onde podemos observar tanto catiões como aniões. A principal diferença entre os solventes eutécticos profundos e os líquidos iónicos é que os solventes eutécticos profundos são formados a partir de ácidos e bases de Lewis ou Lowry-Bronsted, enquanto os líquidos iónicos se formam a partir de qualquer sal.[4]

Em comparação com os solventes orgânicos tradicionais e os líquidos iónicos convencionais, os DES têm uma solubilidade mais elevada, com a sua capacidade de dissolver óxidos metálicos e sistemas de administração de medicamentos insolúveis, podem extrair eficazmente e efetuar a pré-concentração de metais na determinação de metais vestigiais, podem sintetizar novos nanomateriais e podem ser utilizados como electrólitos para reacções electroquímicas em eletroquímica.[5]

Em comparação com os líquidos iónicos modernos baseados em aniões discretos, como a bistriflimida, que partilham muitas características mas são compostos iónicos e não misturas iónicas, os DES são mais baratos de fabricar e, por vezes, biodegradáveis, pelo que podem ser utilizados como solventes seguros, eficientes, simples e de baixo custo.[6]

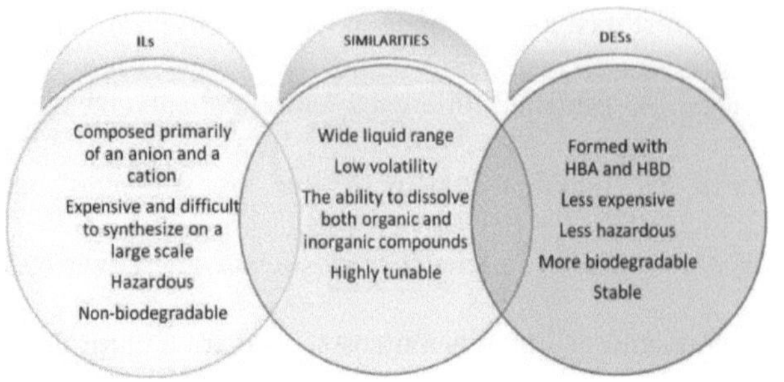


O solvente eutéctico profundo contém grandes iões monossimétricos que têm uma energia de rede baixa e, por conseguinte, um ponto de fusão baixo, por exemplo, ião halogeneto e a porção doadora de hidrogénio é responsável pela diminuição do ponto de fusão da mistura.[7]

Os solventes eutécticos profundos consistem em aceitadores e dadores de ligações de hidrogénio numa razão molar específica, que foi considerada para ultrapassar os inconvenientes dos líquidos iónicos.[8] Os DES foram preparados misturando sais de amónio quaternário (por exemplo, cloreto de colina), que actuam como aceitadores de ligações de hidrogénio, com uma variedade de ácidos carboxílicos, ureia, amidas e álcoois, que actuam como dadores de ligações de hidrogénio.[9] Os solventes eutécticos profundos são uma combinação de dadores e aceitadores de ligações de hidrogénio. Trata-se de uma combinação de dois produtos químicos baratos e seguros, que são misturados e diminuem lentamente o ponto de congelação, sendo o ponto de congelação do DES muito inferior ao dos HBA e HBD individuais e dando origem a uma solução límpida. Os HBAs comuns incluem cloreto de colina, sais de halogenetos de tetraalquilamónio, como o cloreto de tetrabutilamónio e o brometo de tetrabutilfosfónio, bem como halogenetos metálicos. Os HBDs típicos incluem álcoois, ácidos carboxílicos, amidas e aminoácidos.[10]

Os aceitadores de ligações de hidrogénio do DES são principalmente sais de amónio quaternário (por exemplo, cloreto de colina) ou iões anfotéricos (por exemplo, betaína); os dadores de ligações de hidrogénio são principalmente compostos como a ureia, polióis e açúcares.[11]

O primeiro exemplo de DES foi preparado por aquecimento de zncl2 com uma série de sais de amónio quaternário em que o cloreto de colina é o HBA obtido com o ponto de fusão surpreendentemente mais baixo de 23-25 °C.[12]

Existem dois métodos principais para a preparação de solventes eutécticos profundos: o método de aquecimento e o método de trituração. O método de aquecimento consiste em misturar e aquecer os compostos, sob agitação constante, até se formar um líquido homogéneo; a temperatura de aquecimento varia geralmente entre 50 e 100 °C. O método de trituração baseia-se na mistura dos compostos à temperatura ambiente e na sua trituração num almofariz com um pilão até se formar uma solução límpida.[13]

A preparação do solvente eutéctico profundo é 100% económica em termos de átomos e altamente pura, e é menos dispendiosa. A maior parte dos solventes eutécticos profundos baseiam-se no catião de amónio quaternário: o cloreto de colina e a ureia são ambos sólidos à temperatura ambiente, com pontos de fusão de 302 °C e 133 °C, respetivamente, mas a combinação de ambos na proporção molar 1:2 forma um líquido com o ponto de congelação de 12 °C e dá uma solução transparente e clara a uma temperatura de cerca de 80 °C. Os solventes eutécticos profundos naturais (DES) são utilizados para extrair compostos fitonutrientes hidrofílicos e hidrofóbicos de metabolitos primários, aminoácidos, ácidos orgânicos, açúcares ou derivados de colina. Estes solventes são amplamente utilizados como uma alternativa mais ecológica aos solventes convencionais devido à sua estrutura simples, ao processo de extração não volátil, à baixa produção de energia, à baixa toxicidade, à fácil decomposição sem produzir produtos tóxicos, à sua estabilidade a altas temperaturas e à sua não inflamabilidade. O NADES pode dissolver compostos lipofílicos, ao contrário dos solventes convencionais, como a água.[14]

Os DES são classificados com base no agente complexante utilizado.

Tipo! Os DES formam sais de cloroaluminato/imidazol fundidos e líquidos iónicos menos comuns. Tipo! DES são limitados, mas podem ser expandidos através da utilização de sais metálicos hidratados e da sua inerente insensibilidade ao ar e à humidade. Os eutécticos do tipo III, formados a partir de cloreto de colina e dadores de ligações de hidrogénio, são úteis para a solvatação de espécies de metais de transição. Os DES de tipo V podem incorporar metais de transição em eutécticos à temperatura ambiente, tornando-os viáveis para processos industriais em grande escala.[15]

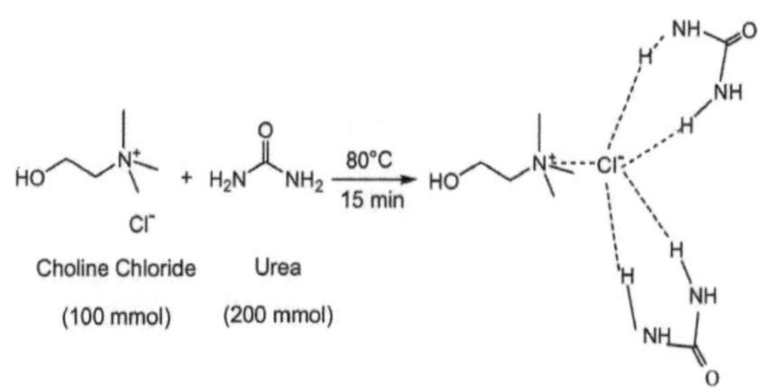


Os solventes eutécticos profundos do tipo V são novos solventes sustentáveis; são preparados através da mistura física de componentes sólidos não iónicos e são caracterizados por fortes desvios negativos da idealidade termodinâmica. A utilização de aceitadores de ligações de hidrogénio solitários para preparar os solventes eutécticos profundos do tipo V está relacionada não só com a sua temperatura de fusão, mas também com a sua viscosidade.[1617]

Nos últimos anos, o solvente eutéctico profundo, como uma nova classe de solventes ecológicos, tem sido alvo de grande interesse em numerosos domínios da ciência e da tecnologia, enquanto a aplicação do DES na química analítica está ainda na sua fase inicial; no entanto, o número de artigos está a mostrar uma tendência crescente.[18]

A condutividade, as janelas de potencial relativamente amplas e a elevada solubilidade dos iões metálicos tornam-nos adequados para aplicações electroquímicas, como a eletrodeposição, o electropolimento, a eletrólise e a extração e obtenção de metais.[19]

Atualmente, a extração de DES à base de PEG é cada vez mais utilizada, uma vez que estabiliza as proteínas extraídas e é, além disso, aprovada pela FDA; isto abre muitas possibilidades para desenvolvimentos mais sustentáveis em sectores como as indústrias farmacêutica e agronómica.[20] DES é uma escolha popular para a deposição, dissolução e processamento de metais devido à sua elevada solubilidade, ausência de água e elevada condutividade. Abbott et al. desenvolveram DES baseados em cloreto de colina e cloreto de zinco como alternativas baratas aos líquidos iónicos. Os DES podem ser utilizados para tecnologias baseadas em ADN e ARN, contradizendo a ideia de que a água é necessária para a segunda estrutura do ácido nucleico. O ADN é solúvel em cloreto de colina quando combinado com HBDs. Os solventes eutécticos profundos (DES) estão a ser utilizados para a síntese de nanopartículas metálicas com forma controlada, com potencial impacto nos electrocatalisadores. Os DES podem ser electropolidos em aço inoxidável 316, e a sua utilização na biotransformação está a aumentar, sendo crucial para a sobrevivência, uma vez que permite ao organismo converter substâncias nocivas em substâncias menos nocivas.[21],[22]

Um número significativo de DES é menos respeitador do ambiente do que se pensava inicialmente, provavelmente devido a um efeito sinérgico das suas potenciais utilizações em grande escala deve ser revisto para evitar que os ensaios de toxicidade/biodegradabilidade baseados no antibiograma em meios sólidos não sejam exactos para quantificar a toxicidade dos DES devido à sua baixa difusão devido à sua elevada

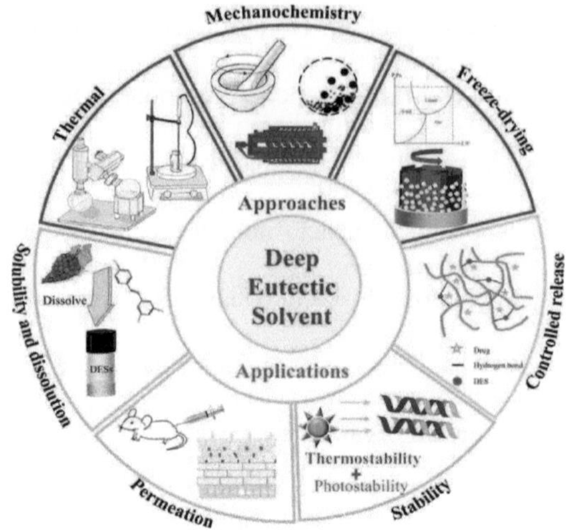


Viscosidade, só assim se pode afirmar categoricamente se um determinado DES é tóxico, mesmo nos casos em que esse DES possa entrar na cadeia alimentar.[23]

Nos últimos anos, o DES tornou-se mais popular devido às suas propriedades e ao aumento do leque de aplicações, sendo utilizado em todos os domínios.

## 3.2 REACÇÃO MULTICOMPONENTE :

As reacções multicomponentes são processos sintéticos que produzem um único produto a partir de três ou mais reagentes, de uma só vez, através de uma cascata de reacções elementares.[24] As reacções multicomponentes são conhecidas há mais de 160 anos e, em 1850, são reacções muito importantes, nas quais, utilizando uma reação de uma só vez, mais de três reagentes diferentes são diretamente convertidos em produtos. A primeira reação multicomponente relatada foi a síntese de strecker de a-amino cianetos em 1850.[25]

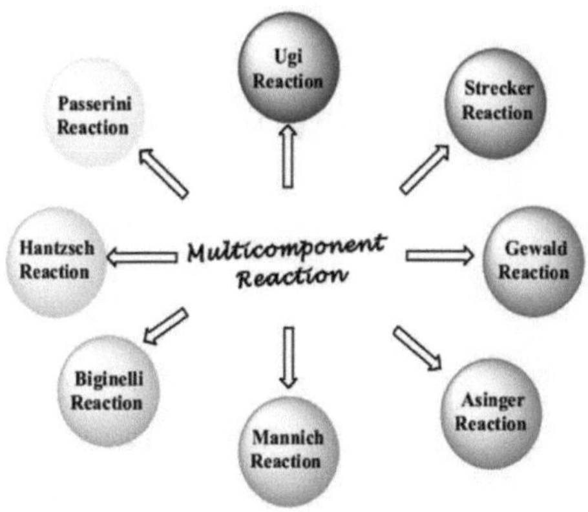


Amr H. Moustafa et.al[26] sintetizaram um procedimento eficiente para a síntese de uma nova classe de benzilideno-2-alcoxi-4-aril-6,7-dihidro-5H-ciclopenta(b)piridina-5,6,7,8- tetrahidroquinolina e/ou 6,7,8,9 tetra-hidro-5H-ciclo-hepta(b) piridina-3-carbonitrilo foi introduzido através da reação multicomponente de ciclo-heptanona, ciclo-hexanona com diferentes aldeídos aromáticos e malanonitrilo.

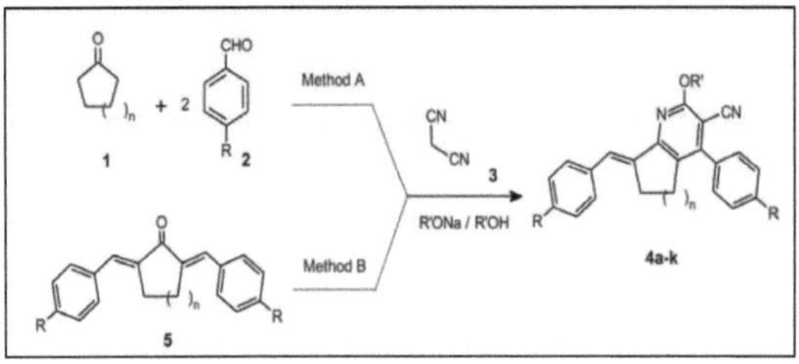

Jiu-Gao Yu et.al[27] apresentam um procedimento para a preparação de derivados de 2-(indole-3il)piridina, obtendo compostos com bons rendimentos e confirmados por[1] H NMR, infravermelhos e análise elementar.

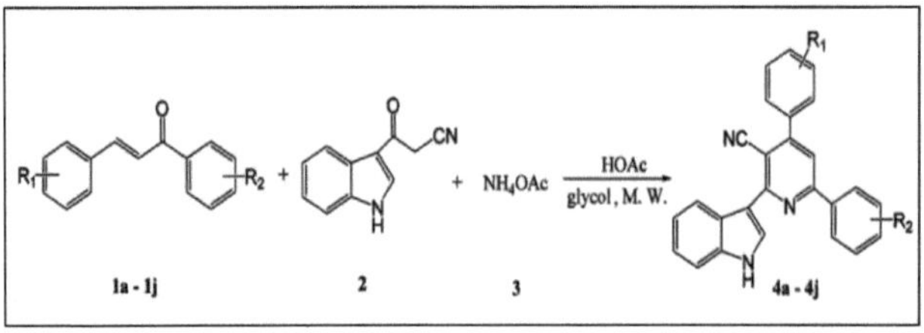

Madhukar N. jachak et.al[28] relataram a obtenção de derivados de pirazolo[3,4-b]piridina através da ciclocondensação num único local de 5-amino-3-aril-1H-fenilpirazóis, benzoilacetonitrilos p-substituídos e aldeídos, com acetato de amónio como o catalisador de base mais eficaz.

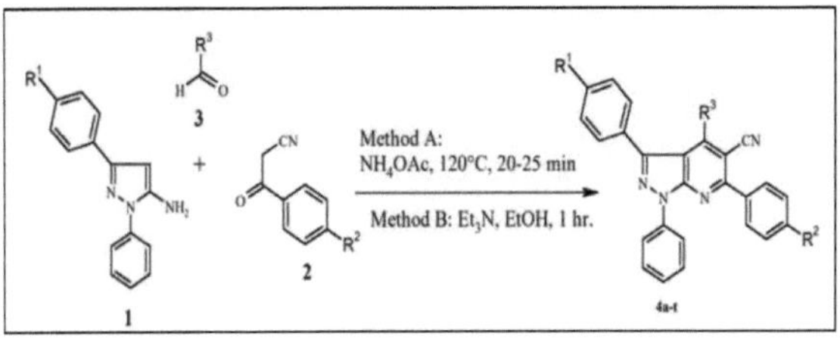


Hui Wu et.al[29] relataram que 2,4,5-Triaril-5H-cromeno[4,3-b]piridinas foram sintetizadas usando uma reação em cascata de três componentes, catalisada por irradiação de micro-ondas, formando nove novas ligações e dois novos anéis num só lote.

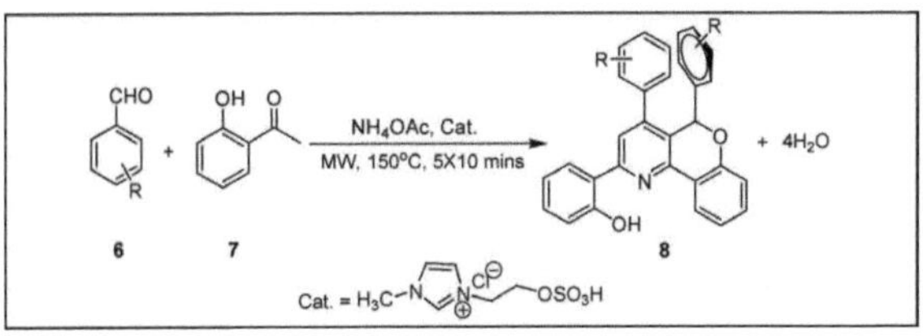


Ohshima et.al[30] apresentam um método catalítico para a síntese de ketiminas N-não substituídas e as suas aplicações em reacções one-pot para compostos contendo azoto, com o objetivo de estimular estudos futuros.

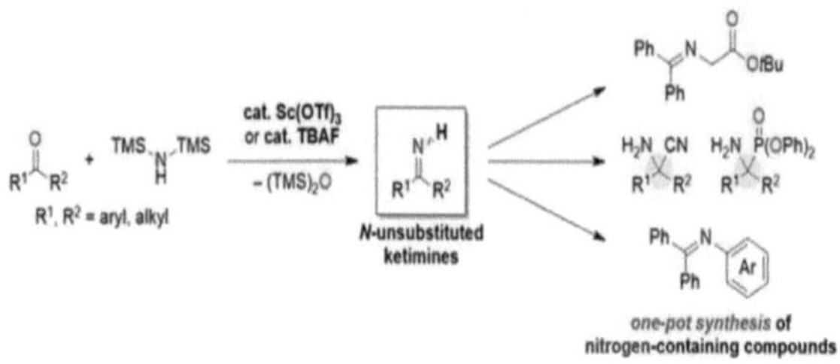


Abdolasi Alizadeh et.al[31] apresenta uma estratégia simples e eficiente para sintetizar derivados tetracíclicos de dihidrocromeno[2,3-b]pirrolo[3,4-e]piridina-triona utilizando uma reação sequencial de quatro componentes em MeOH. O método oferece alta conservação de energia, excelentes rendimentos, um catalisador sem metal, fácil purificação e condições ecológicas, ao contrário de relatórios anteriores.

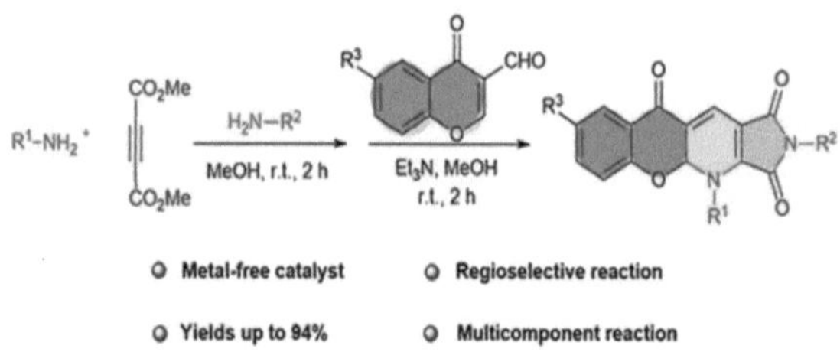


Jun Xyan et.al[32] desenvolveram um protocolo de três componentes para a síntese de isoxazolidina, utilizando nitrosoarenos, olefinas e iodónio ylide para produzir derivados de N-aril isoxazolidina com rendimentos moderados a excelentes, sem catalisadores ou aditivos.

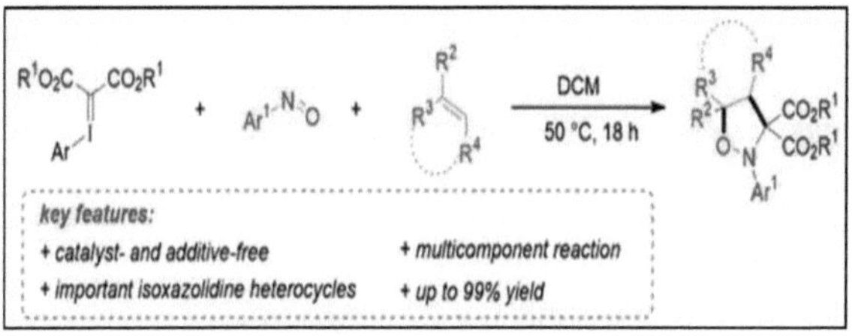


Madabhushi Sridhar et.al[33] desenvolveram a síntese multicomponente de 2-amino-3,5-dicarbonitrilo-6-tio-piridinas catalisada por $ZnCl_2$ num único lote, sob aquecimento por micro-ondas e aquecimento convencional.

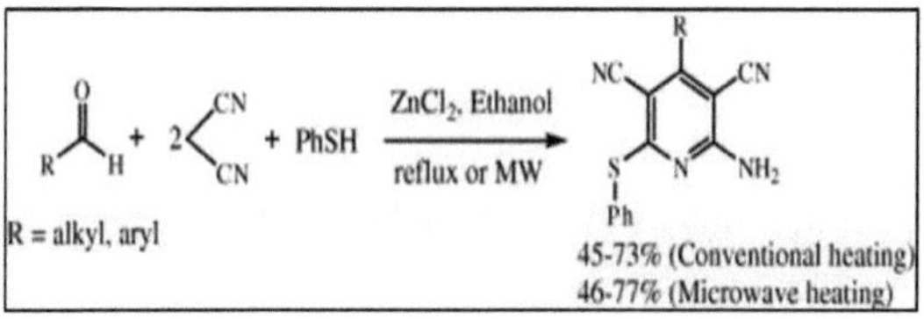


F.V.Frolova et.al[34] relataram uma reação multicomponente envolvendo 3-aminopirazol-5-onas, aldeídos salicílicos e éster acetilacético que produziu 2,3-dihidrocromeno[4,3- d]pirazolo[3,4-b]piridina-1,6-dionas, com 5-aminopirazóis, 3-amino-1,2,4- triazóis e 6-aminouracilo como componentes de aminas heterocíclicas.

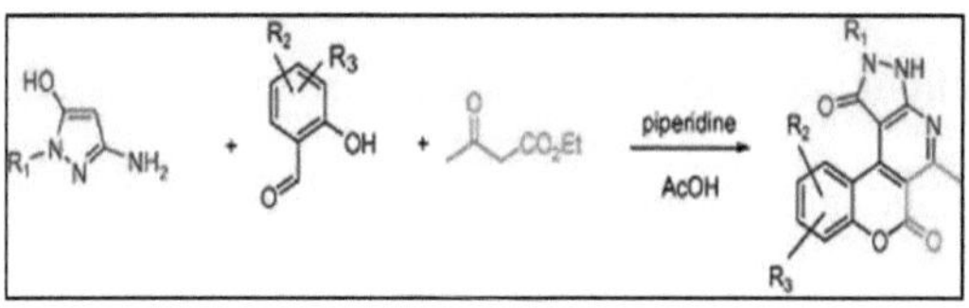

F Shi et.al[35] relataram reacções multicomponentes assistidas por micro-ondas de aldeído, 2H-indeno-1,3-diona e 4-(arilamino)furano-2(5H)-ona em glicol para a síntese eficiente e fácil de análogos N-substituídos de furo[3,4-b]indeno[2,1-e]piridina.

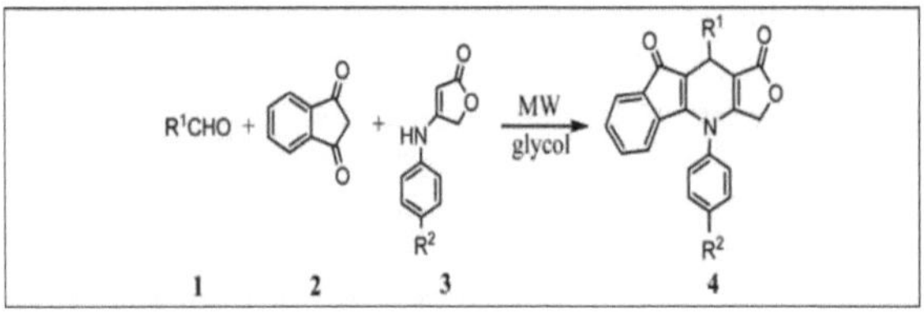


## 3.3 DIHIDROPIRIMIDINONA:

As dihidropirimidinonas são heterociclos com uma porção pirimidina no núcleo do anel que, nas últimas décadas, têm despertado interesse na química medicinal devido à sua alegada atividade biológica versátil, sendo sintetizadas por reacções multicomponentes clássicas como a reação de Biginelli e por variantes desta metodologia de síntese.[36]

As abordagens sintéticas e farmacológicas das dihidropirimidinonas/tiões, derivadas da reação de Biginelli. A revisão destaca a importância de compostos reutilizáveis, não voláteis e prontamente disponíveis nos avanços científicos. O farmacóforo da dihidropirimidinona, derivado da reação de Biginelli, tem numerosas aplicações terapêuticas, incluindo anticancerígena, antioxidante, antimicrobiana, anti-inflamatória e anti-HIV-1.[37]

A reação de Biginelli, descrita pela primeira vez em 1893, é um método fundamental para aceder a derivados de DHPM na descoberta de medicamentos. Envolve a ciclocondensação catalisada por ácido de ureia, aldeído aromático e éster beta-ceto. O carácter convergente da reação, a simplicidade operacional e a diversidade molecular fazem dela uma ferramenta valiosa para os químicos medicinais. Foram desenvolvidas numerosas metodologias, condições de reação e variantes para aceder a novos DHPMs através da modificação de fragmentos originais de forma multicomponente ou faseada.[38]

## ESQUEMA DE REACÇÃO:

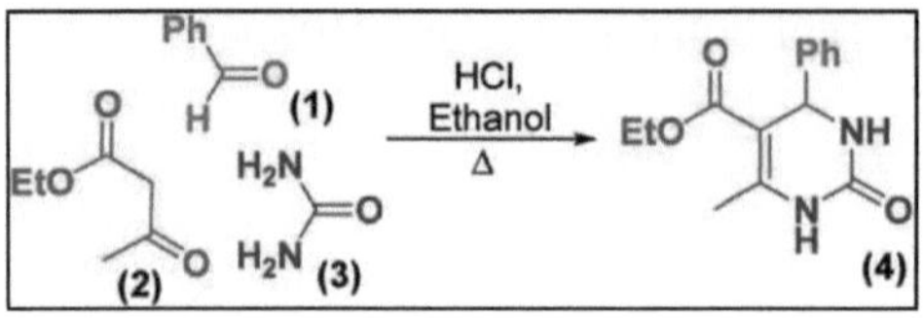


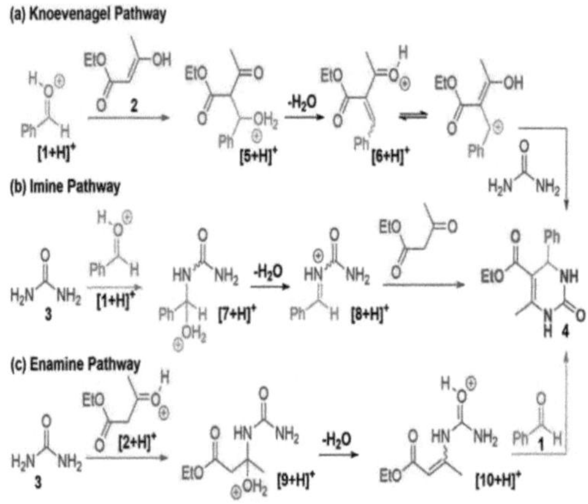


## MECANISMO:

A dihidropirimidinona e os seus derivados, ganharam importância na química medicinal devido ao estudo do monastrol, um aduto de biginelli, ganhou importância na química medicinal. As DHPMs têm várias propriedades farmacológicas[39] incluindo actividades anticancerígenas, anti-inflamatórias, anti-hipertensivas, antiparasitárias, anti-hiroidismo, antimuscarínicas, antidiabéticas e hipolipidémicas.[40]

# 4. MATERIAIS E MÉTODOS

## 4.1 MATERIAIS

Todos os produtos químicos eram de grau de investigação e foram utilizados tal como foram obtidos. Os pontos de fusão foram medidos em capilares abertos e não estão corrigidos. A TLC foi efectuada em placas pré-revestidas de Silica Gel 60 F254 (Merck). O SF foi preparado de acordo com o procedimento descrito na literatura

## 4.2 MÉTODOS

Preparação do solvente Deep eutectic:

Misturar o cloreto de colina (aceitador de ligações de hidrogénio) e o ácido tartárico (dador de ligações de hidrogénio) num balão R.B., os componentes são misturados numa determinada razão molar 1:2. Aquecer a mistura reacional a 70° C durante 1 hora, até a solução se tornar um líquido límpido e transparente.

Preparação da dihidropirimidinona:

Colocar o aldeído, o acetoacetato de etilo e a ureia ou tioureia num balão R.B. De seguida, adicionar o solvente DES. Adicionar ml de etanol para obter uma solução homogénea. Aquecer durante cerca de 3:00 a 4:00 horas até à conclusão da reação, verificar por TLC. Verter a mistura de reação em gelo picado. Filtrar e secar.

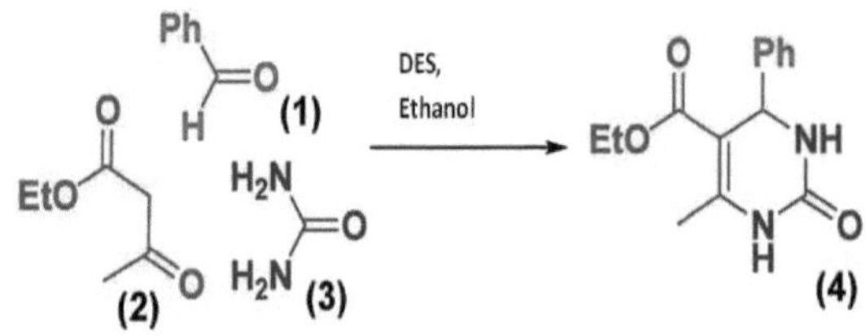


Efetuar a cromatografia em camada fina para verificar se a reação está completa ou não:

Em primeiro lugar, pegar numa placa TLC, cortá-la em cinco centímetros de comprimento e 2,5 centímetros de largura e, em seguida, colocar uma pequena quantidade de material de partida num tubo de fusão e adicionar um solvente adequado para a dissolver. Colocar uma pequena quantidade de massa de reação num outro tubo de fusão e dissolvê-la com um solvente adequado. Preparar agora o sistema de solventes com solventes polares e não polares adequados numa proporção molar adequada.

A detetar:

Pegar numa placa de TLC e traçar uma linha horizontal acima de 1 cm. Tomar uma gota do material de partida e colocar a mancha no lado esquerdo da TLC e, em seguida, tomar uma gota da massa de reação e colocar a mancha no lado direito da TLC. Verificar a mancha no instrumento UV. Depois de verificar as manchas, colocar a placa de TLC no sistema de solventes que contém o copo. Deixar o solvente correr na placa de TLC até a solução escorrer. Após a passagem do solvente, retirar a placa TLC e secá-la. Colocar a placa TLC seca sob luz UV e verificar se a reação está completa ou não através de manchas.

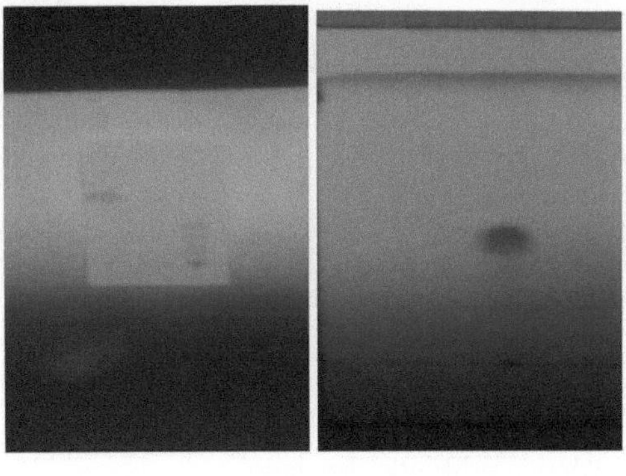

Estudo de reciclabilidade do solvente Deep eutectic:

Em primeiro lugar, filtrar a massa de reação e colocar o filtrado no copo. Adicionar éter: De seguida, adicione éter dietílico à mistura. O éter dietílico é um solvente orgânico volátil que se dissolverá na mistura. Transferir para um funil de separação: Transfira a solução (agora contendo éter) para uma ampola de decantação. No funil, formar-se-ão duas camadas distintas: uma camada orgânica superior (contendo o éter dissolvido) e uma camada aquosa inferior. Separação das camadas: Permitir que as duas camadas se separem com base nas suas diferentes densidades. Abrir a torneira no fundo do funil para drenar a camada aquosa, deixando a camada orgânica para trás. Secagem: Para remover a água restante, deixar secar a camada orgânica (com éter). O éter é volátil, pelo que se evaporará, resultando no solvente eutéctico profundo desejado.

## 5. RESULTADOS E DEBATE

Esquema de reação

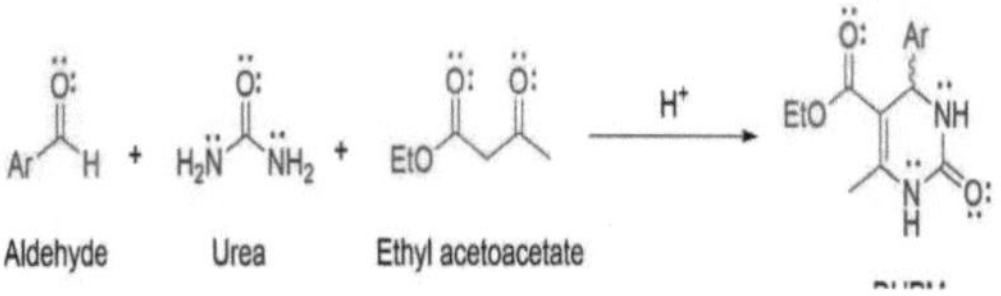


*DES: Cloreto de colina: Ácido tartárico: 1:2*

Mecanismo Plausível

O mecanismo plausível do 4H-pirano via DES de ChCl/(±)-TA (1:2) está representado na figura. Inicialmente, o DES é formado através de quatro interacções de ligação de hidrogénio entre os grupos hidroxilo da (±)-TA e os iões $Cl^-$ do ChCl que, ao fornecerem o protão, activam o grupo carbonilo do aldeído. O aldeído protonado sofre então um ataque nucleofílico pela ureia/tioureia, resultando na geração de 1 por perda de molécula de água, 1 sofre ainda um ataque nucleofílico pela ureia/tioureia, formando o intermediário 2. Em seguida, a reação de desidratação fornece o composto necessário.

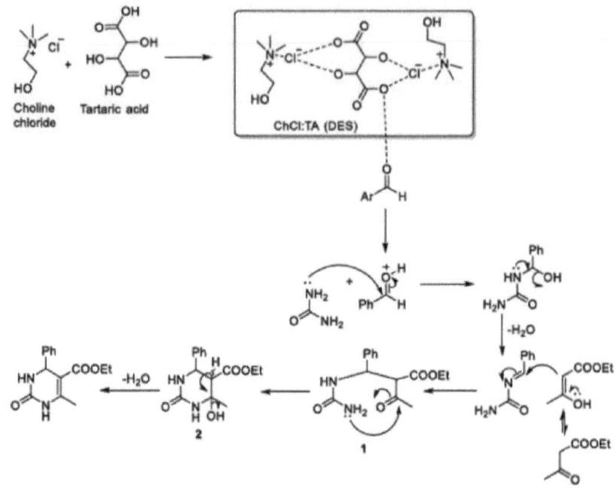


A reação foi testada através de diferentes aldeídos e ureia

| Não. | Aldeído | B-cetoéster | Ureia | M.P | Referência |
|---|---|---|---|---|---|
| 1 | O-Nitro Benzaldeído | Acetoacetato de etilo | Ureia | 203°C-204°C | 41 |
| 2 | P-clorobenzaldeído | Acetoacetato de etilo | Ureia | 208°C-210°C | 42 |
| 3 | Saliciladeído | Acetoacetato de etilo | Ureia | 182°C-185°C | 43 |
| 4 | Cinamaldeído | Acetoacetato de etilo | Ureia | 226°-228°C | 44 |
| 5 | O-Nitro Benzaldeído | Acetoacetato de etilo | Tioureia | 218°C-220°C | 45 |
| 6 | P-Cloro Benzaldeído | Acetoacetato de etilo | Tioureia | 190°C-192°C | 46 |
| 7 | Cinamaldeído | Acetoacetato de etilo | Tioureia | 226°C-228°C | 47 |
| 8 | 2-OH Naftaldeído | Etil acetoacetato | Ureia | 257°C-259°C | 48 |
| 9 | 3-OMe salicildeído | Acetoacetato de etilo | Ureia | 198°C-200°C | 49 |

ESPECTRO IR

Espectro de IV do composto 3

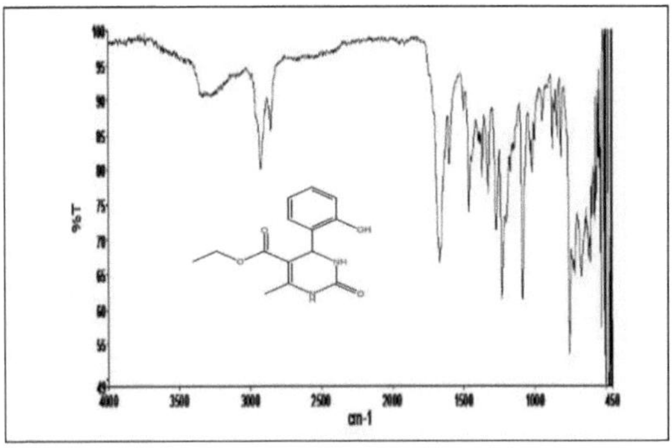

• 1700 $cm^{-1}$ devido ao grupo carbonilo

• 3000 $cm^{-1}$ devido ao estiramento =C-H

Espectro de IV do composto 4

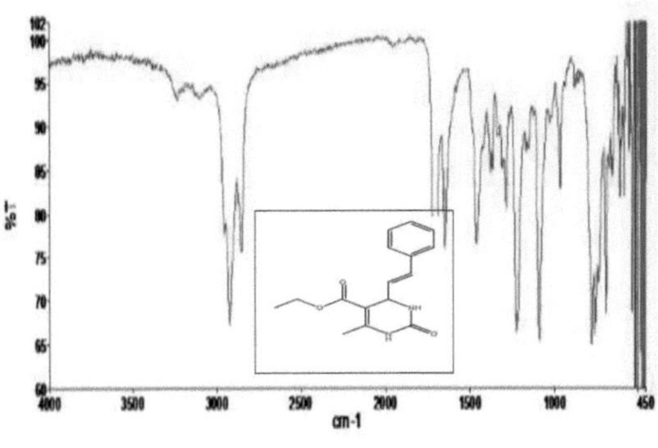

• 1700 $cm^{-1}$ devido ao grupo carbonilo

• 3000 $cm^{-1}$ devido ao estiramento =C-H

ESPECTRO DE MASSA

Espectro de massa do composto: 1

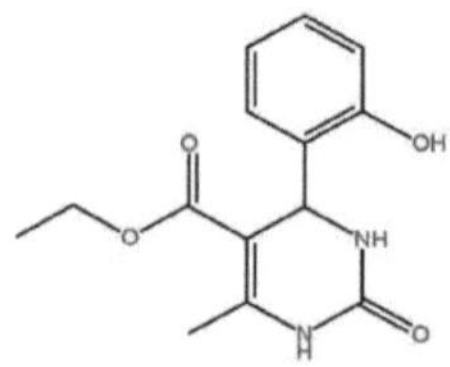


Peso molecular: 276 gm/mole

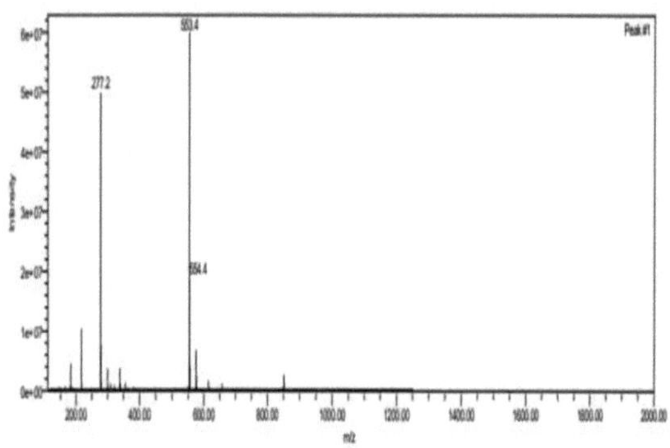


Espectro de massa do composto:2

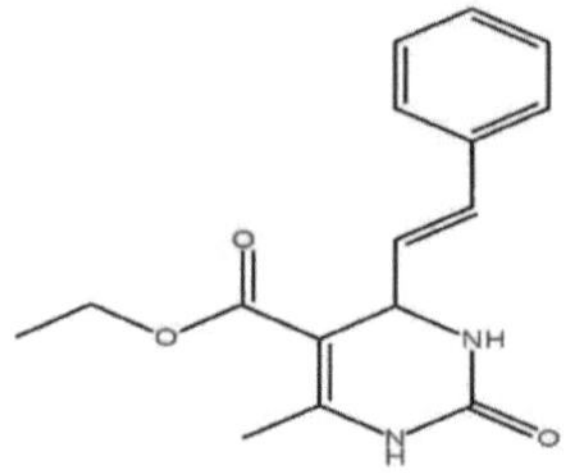


Peso molecular: 287 gm/mole

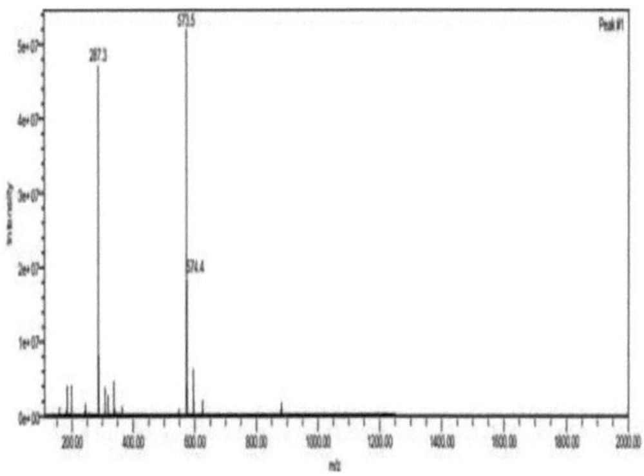

Experiência de controlo

Sem DES:

Quando não é utilizado um solvente eutéctico profundo como meio de reação, o tempo de reação pode prolongar-se até 4 a 5 horas. Esta duração mais longa está frequentemente associada à formação de impurezas. A natureza destas impurezas pode variar, mas pode incluir subprodutos de reacções laterais ou produtos de degradação do próprio DES.

Com DES:

Em contrapartida, se for utilizado um solvente eutéctico profundo na reação, esta pode ser concluída num período de tempo mais curto, de cerca de 2 horas. Esta redução no tempo de reação pode levar a um perfil de reação mais limpo com menos impurezas.

# 6. CONCLUSÃO

A investigação aqui apresentada demonstrou com sucesso a eficácia dos solventes eutécticos profundos (DES) na síntese multicomponente de dihidropirimidinonas. As propriedades físico-químicas únicas dos DES, particularmente a sua capacidade de atuar como solvente e catalisador, aceleraram significativamente o processo de reação. Isto resultou numa redução notável do tempo de reação em comparação com os métodos convencionais. Além disso, a capacidade de reciclagem pós-reação dos DES realça a sua contribuição para práticas químicas sustentáveis. A capacidade de recuperar e reutilizar os DES sem uma diminuição do desempenho ou do rendimento é um argumento convincente para a sua utilização e desenvolvimento contínuos no domínio da síntese orgânica. Este estudo não só reforça a versatilidade dos DES na facilitação de reacções multicomponentes, como também sublinha o seu potencial para melhorar a compatibilidade ambiental dos processos químicos.

# 7. REFERÊNCIAS

1) Hansen, B.B., Spittle, S., Chen, B., Poe, D., Zhang, Y., Klein, J.M., Horton, A., Adhikari, L., Zelovich, T., Doherty, B.W. e Gurkan, B., 2020. Solventes eutécticos profundos: A review of fundamentals and applications. Chemical reviews, 121(3), pp.1232-1285.

2) Jisha, K.J., Athira, K.K., Priyanka, V.P. e Gardas, R.L., 2023. Extração líquido-líquido. Em Handbook of Biomolecules (pp. 227-239). Elsevier.

3) Kruber, K.F., Kroll, M., Held, C. e Skiborowski, M., 2023. Avaliação do potencial de um solvente eutético profundo para extração líquido-líquido de furfural usando design de processo baseado em otimização. Em Engenharia Química Assistida por Computador (Vol. 52, pp. 955-960). Elsevier.

4) Madhu, D.K. e Madhavan, J., 2018. Análise química quântica da estrutura eletrônica e aspectos de ligação de líquidos iônicos à base de colina. Jornal de Líquidos Moleculares, 249, pp.637-649.

5) Mu, L., Gao, J., Zhang, Q., Kong, F., Zhang, Y., Ma, Z., Sun, C. e Lv, S., 2023. Progresso da Investigação sobre Solventes Eutécticos Profundos e Aplicações Recentes. Processes, 11(7), p.1986.

6) Płotka-Wasylka, J., De la Guardia, M., Andruch, V. e Vilková, M., 2020. Solventes eutéticos profundos vs líquidos iónicos: Similarities and differences. Microchemical journal, 159, p.105539.

7) Smith, E.L., Abbott, A.P. e Ryder, K.S., 2014. Solventes eutéticos profundos (DESs) e suas aplicações. Chemical reviews, 114(21), pp.11060-11082.

8) Wu, C., Li, J., Zhang, Y.Q., Li, X., Wang, S.Y. e Li, D.Q., 2023. Dissolução de celulose, modificação e o hidrogel derivado: uma revisão. ChemSusChem, 16(21), pe202300518.

9) Si, A. e Misra, A.K., 2020. Perspetiva sobre a transformação de hidratos de carbono em condições de reação ecológicas e sustentáveis. Em Recent Trends in Carbohydrate Chemistry (Tendências recentes na química dos hidratos de carbono) (pp. 3-71). Elsevier.

10) Farooq, M.Q., Abbasi, N.M. e Anderson, J.L., 2020. Solventes eutécticos profundos em separações: Métodos de preparação, polaridade e aplicações em extracções e electrocromatografia capilar. Journal of Chromatography a, 1633, p.461613.

11) Mu, L., Gao, J., Zhang, Q., Kong, F., Zhang, Y., Ma, Z., Sun, C. e Lv, S., 2023. Progresso da Investigação sobre Solventes Eutécticos Profundos e Aplicações Recentes. Processes, 11(7), p.1986.

12) Xu, P., Zheng, G.W., Zong, M.H., Li, N. e Lou, W.Y., 2017. Progresso recente em solventes eutéticos profundos em biocatálise. Bioresources and bioprocessing, 4, pp.1-18.

13) El Achkar, T., Greige-Gerges, H. e Fourmentin, S., 2021. Fundamentos e propriedades de solventes eutéticos profundos: uma revisão. Cartas de química ambiental, 19, pp.3397-3408.

14) Hikmawanti, N.P.E., Ramadon, D., Jantan, I. e Mun'im, A., 2021. Solventes eutécticos profundos naturais (NADES): Melhorador de desempenho de extração fitoquímica para desenvolvimento de produtos farmacêuticos e nutracêuticos. Plantas, 10(10), p.2091.

15) Smith, E.L., Abbott, A.P. e Ryder, K.S., 2014. Solventes eutéticos profundos (DESs) e suas aplicações. Chemical reviews, 114(21), pp.11060-11082.

16) Abranches, D.O. e Coutinho, J.A., 2022. Solventes eutécticos profundos do tipo V: Design e aplicações. Current Opinion in Green and Sustainable Chemistry, 35, p.100612.

17) Amesho, K.T., Lin, Y.C., Mohan, S.V., Halder, S., Ponnusamy, V.K. e Jhang, S.R., 2023. Solventes eutécticos profundos na transformação de biomassa em biocombustíveis e produtos químicos finos: uma revisão. Environmental Chemistry Letters, 21(1), pp.183-

230.

18) Shishov,A.,Bulatov,A.,Locatelli,M.,Carradori,S.e Andruch, V., 2017. Aplicação de solventes eutécticos profundos em química analítica. Uma revisão. Revista Microquímica, 135, pp.33-38.

19) Abbott, A.P., 2022. Solventes eutéticos profundos e sua aplicação em eletroquímica. Opinião atual em química verde e sustentável, 36, p.100649.

20) Bowen, H., Durrani, R., Delavault, A., Durand, E., Chenyu, J., Yiyang, L., Lili, S., Jian, S., Weiwei, H. e Fei, G., 2022. Aplicação de solventes eutéticos profundos na extração e purificação de proteínas. Frontiers in Chemistry, 10, p.912411.

21) Smith, E.L., Abbott, A.P. e Ryder, K.S., 2014. Solventes eutéticos profundos (DESs) e suas aplicações. Chemical reviews, 114(21), pp.11060-11082.

22) Janicka, P., Płotka-Wasylka, J. e Gybicki, J., 2022. Solventes eutéticos profundos e seus usos para purificação do ar. Jornal de Engenharia Ecológica, 23(10).

23) Martínez, G.M., Townley, G.G. e Martínez-Espinosa, R.M., 2022. Controvérsia sobre a natureza tóxica dos solventes Deep eutectic e a sua potencial contribuição para a poluição ambiental. Heliyon.

24) Torok, B., Schaefer, C. e Kokel, A., 2021. Catálise Heterogénea em Síntese Sustentável. Elsevier.

25) R Melo, L. e A Silva, W., 2016. Líquido iónico em reações multicomponentes: uma breve revisão. Química Verde Atual, 3(2), pp.120-132.

26) Albayati, M.R., Moustafa, A.H. e Abdelhamed, A.A., 2019. Uma síntese eficiente de derivados de benzilideno-2-alcoxi-4-aril-2, 3-cicloalkenopiridina-3-carbonitrila. Synthetic Communications, 49(19), pp.2546-2553.

27) Geng,L.J., Feng, G.L.,Yu, J.G.,Zhang,H.L. e Zhang, Y.M., 2011. Reação multicomponente para a síntese de derivados de 2-(indol-3-il) piridina sob irradiação de micro-ondas. Synthetic Communications, 41(23), pp.3448-3454.

28) Jachak, M.N., Avhale, A.B., Ghotekar, B.K., Kendre, D.B. e Raghunath, B.T., 2008. Síntese de pirazolo [3, 4-b] piridinas utilizando acetato de amónio como reagente verde em reacções multicomponentes. Journal of Heterocyclic Chemistry, 45(4), pp.1221-1224.

29) Wu, H., Wan, Y., Chen, X.M., Chen, C.F., Lu, L.L., Xin, H.Q., Xu, H.H., Pang, L.L., Ma, R. e Yue, C.H., 2009. Síntese de 2, 4, 5-

triaril-5H-cromeno [4, 3-b] piridinas sob radiação de micro-ondas. Journal of Heterocyclic Chemistry, 46(4), pp.702-707.

30) Kondo, Y., Morimoto, H. e Ohshima, T., 2023. Desenvolvimento de novas sínteses catalíticas diretas de cetiminas N-não substituídas e suas aplicações em reações one-pot. Synlett.

31) Rostampoor, A., 2023. Síntese conveniente de dihidrocromeno tetracíclico funcionalizado [2, 3-b] pirrolo [3, 4-e] piridina-trionas via reações de quatro componentes. Synthesis, 56(02), pp.267-274.

32) Zhao, Y.R., Li, L. e Xuan, J., 2023. Reação multicomponente e sem catalisador de iodetos de iodo, nitrosoarenos e olefinas para a síntese de derivados de isoxazolidina. Synlett.

33) Sridhar, M., Ramanaiah, B.C., Narsaiah, C., Mahesh, B., Kumaraswamy, M., Mallu, K.K., Ankathi, V.M. e Rao, P.S., 2009. Nova síntese multicomponente de 2-amino-3, 5-dicarbonitrilo-6-tio-piridinas catalisada por ZnCl2 num único lote. Tetrahedron Letters, 50(27), pp.3897-3900.

34) Frolova, L.V., Malik, I., Uglinskii, P.Y., Rogelj, S., Kornienko, A. e Magedov, I.V., 2011. Síntese multicomponente de 2, 3-dihidrocromeno [4, 3-d] pirazolo [3, 4-b] piridina-1, 6-dionas: um novo andaime heterocíclico com atividade antibacteriana. Tetrahedron

letters, 52(49), pp.6643-6645.

35) Shi, F., Zhang, G., Zhang, Y., Ma, N., Jiang, B. e Tu, S.J., 2009. Uma síntese fácil e eficiente de análogos de furo [3, 4-b] indeno [2, 1-e] piridina N-substituídos de azapodofilotoxina através de reacções multicomponentes assistidas por micro-ondas. Jornal de Química Heterocíclica, 46(5), pp.965-970.

36) Matos, L.H.S., Masson, F.T., Simeoni, L.A. e Homem-de-Mello, M., 2018. Atividade biológica de derivados de dihidropirimidinona (DHPM): Uma revisão sistemática. Revista Europeia de Química Medicinal, 143, pp.1779-1789.

37) Neupane, N.P., Wu, Y.S. e Verma, A., 2023. Introdução de dihidropirimidinonas: uma perspetiva de química medicinal. Em Dihydropyrimidinones as Potent Anticancer Agents (pp. 1-15). Elsevier.

38) Sánchez-Sancho, F., Escolano, M., Gaviña, D., Csáky, A.G., Sánchez-Roselló, M., Díaz-Oltra, S. e Del Pozo, C., 2022. Síntese de 3, 4-dihidropirimidina (tio) um contendo andaime: reações do tipo Biginelli. Pharmaceuticals, 15(8), p.948.

39) Ahsan, W., 2023. Estratégias sintéticas de dihidropirimidinonas. Em Dihydropyrimidinones as Potent Anticancer Agents (pp. 17-38).

Elsevier.

40) Matos, L.H.S., Masson, F.T., Simeoni, L.A. e Homem-de-Mello, M., 2018. Atividade biológica de derivados de dihidropirimidinona (DHPM): Uma revisão sistemática. Revista Europeia de Química Medicinal, 143, pp.1779-1789.

41) Tayebee, R. e Ghadamgahi, M., 2017. Síntese multicomponente de um pote sem solvente de 3, 4-dihidropirimidina-2 (1H) -onas catalisada por NH4H2PO4 / MC-41 mesoporoso como um catalisador ambientalmente amigável, barato e eficaz. Arabian Journal of Chemistry, 10, pp.S757-S764.

42) Tayebee, R. e Ghadamgahi, M., 2017. Síntese multicomponente de um pote sem solvente de 3, 4-dihidropirimidina-2 (1H) -onas catalisada por NH4H2PO4 / MC-41 mesoporoso como um catalisador ambientalmente amigável, barato e eficaz. Arabian Journal of Chemistry, 10, pp.S757-S764.

43) ABBAS, E.M., ABDALLAH, S.M., ABDOH, M.H., TAWFIK, H.A. e EL- HAMOULY, W.S., 2008. Comportamento do salicilaldeído e de alguns dos seus derivados na reação de Biginelli para a preparação de aril tetrahidropirimidinas. Jornal Turco de Química, 32(3), pp.297-304.

44) : Govardhan Duguta, Satish Kumar Mukka, Hemanth Sriram Yelike, Chinna Rajanna Kamatala*, Sai Sudhakar Mukka. Aceleração da taxa de síntese de 3,4-dihidropirimidinonas/tiões promovida pelo ácido tricloroisocianúrico e triclorotriazina em condições de Vilsmeier-Haack e sem solventes. Asian Journal of Green Chemistry, 4(4) 2020, 457-472.

45) Um ácido orgânico - ácido 5-sulfossalicílico: um catalisador sem metal para a síntese de dihidropirimidina-2(1H)-onas sem solvente Kabeer Shaikh 1 Yogesh Salve 2*

46) Um ácido orgânico - ácido 5-sulfossalicílico: um catalisador sem metal para a síntese de dihidropirimidina-2(1H)-onas sem solvente Kabeer Shaikh 1 Yogesh Salve 2*

47) Govardhan Duguta, Satish Kumar Mukka, Hemanth Sriram Yelike, Chinna Rajanna Kamatala*, Sai Sudhakar Mukka. Aceleração da taxa de síntese de 3,4-dihidropirimidinonas/tiões promovida pelo ácido tricloroisocianúrico e triclorotriazina em condições de Vilsmeier-Haack e sem solventes. Asian Journal of Green Chemistry, 4(4) 2020, 457-472.

48) Govardhan Duguta, Satish Kumar Mukka, Hemanth Sriram Yelike, Chinna Rajanna Kamatala*, Sai Sudhakar Mukka. Aceleração

da taxa de síntese de 3,4-dihidropirimidinonas/tiões promovida pelo ácido tricloroisocianúrico e triclorotriazina em condições de Vilsmeier-Haack e sem solventes. Asian Journal of Green Chemistry, 4(4) 2020, 457-472.

49) Fan, X., Zhang, X. e Zhang, Y., 2002. Reação de Biginelli catalisada por cloreto de samário: síntese one-pot de 3, 4-dihidropirimidina-2 (1 H)-onas. Journal of Chemical Research, 2002(9), pp.436-438.

More Books!
yes
I want morebooks!
Buy your books fast and straightforward online - at one of world's fastest growing online book stores! Environmentally sound due to Print-on-Demand technologies.
Buy your books online at
www.morebooks.shop
Compre os seus livros mais rápido e diretamente na internet, em uma das livrarias on-line com o maior crescimento no mundo! Produção que protege o meio ambiente através das tecnologias de impressão sob demanda.
Compre os seus livros on-line em
www.morebooks.shop
info@omniscriptum.com
www.omniscriptum.com
OMNIScriptum

MIX
Papier aus verantwortungsvollen Quellen
Paper from responsible sources
FSC® C105338

Printed by Books on Demand GmbH, Norderstedt / Germany